TRAMWAY SOUTERRAIN

A PROPULSION ATMOSPHÉRIQUE

ou

PNEUMATIC-RAILWAY

Système Rammell

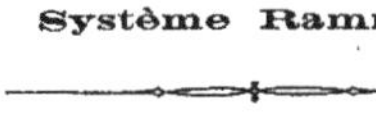

NOTE

sur une demande de Concession faite pour l'application de ce système à Paris.

M. Rammell est l'inventeur d'un système de propulsion atmosphérique spécialement destiné à l'exploitation des chemins de fer souterrains des grandes villes.

Ce système consiste à faire marcher les trains en introduisant dans les sections de tunnel comprises entre les stations, de l'air comprimé à une faible pression, souvent au-dessous, rarement au-dessus de 1/100 d'atmosphère. Cet air agit, comme le vent gonflant la voile d'un navire, sur un écran placé à l'arrière du train. Les plus fortes rampes peuvent être ainsi surmontées. La vitesse obtenue est variable à volonté.

La conséquence directe de ces dispositions est la suppression de tous les inconvénients inhérents à la traction par locomotives. Pas de chaleur, pas de fumée, pas de vapeur, pas de bruit, pas de trépidation ; on peut ajouter, impossibilité absolue de collision entre deux trains.

Une aération permanente, régulière et modérée, est entretenue, en outre, par le passage d'une fraction de l'air comprimé dans l'interstice nécessairement laissé entre l'écran et la paroi du tunnel ; et, à chaque train qui passe, l'air est complètement renouvelé dans le tunnel.

Quand ce système, conçu en Angleterre, y eut reçu son développement par des expériences faites sur grande échelle, le terrain à Londres était déjà occupé par les deux grandes lignes du « Métropolitain » et du « Métropolitain District, » établies, partie en souterrain et partie en tranchée ouverte, comme le permet la répartition des constructions dans cette ville ; mais il est à observer que, même dans ces conditions favorables, et malgré des voies presque horizontales, les inconvénients résultant de l'emploi de la locomotive sur ces lignes ont pris un caractère tellement sérieux qu'aujourd'hui on invoque l'intervention du Parlement pour y apporter quelque remède. (1) Les dispositions générales de ces lignes n'admettent pas l'application du système pneumatique. Il n'y avait donc pas à songer à traiter avec ces deux puissantes Compagnies. Quant à leur faire concurrence, M. Rammell l'a tenté ; il l'a trouvé trop périlleux.

Paris, où tout est à faire encore en matière de circulation souterraine, sembla à M. Rammell un terrain parfaitement approprié à l'adoption de son système et, après une étude détaillée de la question sur place, il demandait, le 22 juin 1878, sans aucune subvention ni garantie d'intérêts, la concession de deux lignes de tramways souterrains à établir :

1° De la place de la Bastille à la Madeleine ;

2° De la place de la Concorde au champ de courses en passant par le Jardin d'Acclimatation;

Ces deux tronçons pouvant être raccordés entre eux au besoin.

Ces tramways devaient être actionnés par le système spécial de propulsion dont il a été parlé ci-dessus.

M. Rammell offrait, dans le cas où il obtiendrait la concession, d'établir, sur une partie du parcours, une section spécimen d'au moins un kilomètre de longueur, afin que l'administration et le public pussent apprécier, avant exécution complète, toutes les conditions de fonctionnement du système.

Nous annexons ci-après, sous N° 1, le texte de cette demande de concession que nous faisons suivre d'une attestation de vingt des ingénieurs les plus éminents de l'Angleterre qui était jointe à la pièce originale.

Cette demande, qu'accompagnait aussi une notice, imprimée depuis, expliquant les propriétés techniques du *pneumatic-railway* — et qu'appuyait vivement, près du Ministre, une lettre de M. P. Cunliffe Owen, secrétaire de la commission royale, pour la grande Bretagne, auprès de l'Exposition universelle de 1878, dont fut président très actif

(1) Sous la pression de l'opinion publique, les Compagnies ont été forcées de demander à établir des ventilateurs qui, — dit la *Réforme des Chemins de fer* du 15 avril, — « vont surgir en forme de cheminées d'appel au milieu des plus belles rues et des plus belles promenades de la ville », la permission de les construire ayant été accordée sur la recommandation d'une commission spéciale de la chambre des communes. Les travaux toutefois doivent être exécutés sous le contrôle du *Métropolitan board of works* assisté d'arbitres choisis dans le *board of trade*, ou ministère du commerce.

S. A. R le Prince de Galles, — fut instruite et jugée assez sérieuse pour être renvoyée à l'examen spécial des ingénieurs de la Ville de Paris, dont l'attention se porta particulièrement, d'abord, sur les conditions d'établissement de la section spécimen qui, d'après leurs études, dut s'étendre de la place de l'Étoile au Jardin d'Acclimatation, sur 1,600 mètres environ de longueur. Les annexes n° 2, 3, 4 et 5 que nous joignons à cette note, montrent avec quel soin et quelles prévisions minutieuses, portant sur les détails de l'exécution, furent faites ces études dans les premiers mois de 1879. Et, ainsi que le montre l'annexe n° 5, l'administration de la ville se préoccupait alors des moyens d'assurer une exécution *rapide.*

Sur le compte qui fut rendu à M. le Ministre des Travaux publics par M. le Préfet de la Seine des résultats obtenus, M. le Ministre prit, le 9 juillet 1879, une décision — notifiée à M. Rammell par une lettre du 19 du même mois de M. l'ingénieur en chef Huet, adjoint à la direction des Travaux de Paris, — informant M. le Préfet de la Seine qu'il y *avait lieu d'autoriser* M. Rammell à faire l'essai proposé, « aux conditions indiquées par MM. les ingénieurs du service municipal et par l'Inspecteur général consulté sur cette affaire ».

D'après cette lettre officielle (voir ci-joint annexe n° 6), les Ingénieurs avaient reconnu que l'essai à faire présentait de l'intérêt, et que le système se prêtait, sans difficultés, même dans un essai à simple voie, à une circulation dans les deux sens de trains de 200 voyageurs, espacés de 6 en 6 minutes.

L'administration préfectorale demandait en conséquence à M. Rammell de justifier, avant toute formalité d'enquête, de conférences, etc., de ses moyens financiers d'exécution.

Cette prescription fut remplie d'une manière satisfaisante et les enquêtes commencèrent, d'après une décision ministérielle du 14 août 1879, (Voir annexe 7, pièce *(a)*.).

Nous joignons ici, sous ce même n° 7, deux autres pièces annexes qui se rapportent à cette opération. La dernière d'entre elles reproduit la *conclusion* du rapport de la commission nommée pour résumer les résultats de l'enquête. Il résulte de cette conclusion que la commission était favorable à l'exécution de la ligne spécimen à établir.

C'est au vu de ce résultat que l'administration se décida à ordonner, entre les divers services intéressés, les conférences qui doivent précéder l'exécution de tout travail d'utilité publique.

Ces conférences ont eu lieu, aux deux degrés, sur projet définitif. Elles ont duré six mois.

Dix services distincts appartenant à la Ville et au Département : la direction des chemins vicinaux, le génie militaire, le contrôle des chemins de fer, etc., ont pris part à cette opération. M. Rammell a dû fournir pour cela de nombreux documents complémentaires : dessins, évaluations, etc., ainsi que l'établissent quatre pièces annexes ci-jointes groupées sous le n° 8.

Ces conférences qui ont précisé contradictoirement, dans leurs plus minimes détails, les conditions de la construction des ouvrages, ne firent surgir aucune objection contre l'exécution du travail.

Il n'y avait donc plus aucune raison qui s'opposât à une solution favorable. Il n'en a cependant rien été.

Ainsi qu'il résulte de la pièce annexe n° 9, le 15 octobre 1880, M. le Ministre des Travaux publics prenait une décision *refusant* l'établissement de la ligne spécimen, *autorisé* quinze mois auparavant par son prédécesseur.

L'avis du Conseil général des ponts et chaussées sur lequel cette décision se base ne mentionne aucune objection technique. Le conseil articule, sans en donner aucun motif, contrairement à l'opinion de MM. de Freycinet et Varroy, et à celle aussi des Ingénieurs de la ville et de M. le Préfet de la Seine, que l'application du système à Paris n'offre aucun intérêt général; il s'appuie sur des embarras momentanés que causerait à la circulation la construction de la ligne spécimen, lorsque les Ingénieurs de la ville ne se sont jamais préoccupés de pareille chose, et termine en faisant remarquer que la dépense de la ligne spécimen est considérable et que, si l'essai réussissait, il en résulterait pour l'Administration une sorte d'engagement moral de se prêter ultérieurement soit à une concession, soit à des dédommagements d'une autre nature.

La réponse à tout celà est facile. Bornons-nous à mentionner pour le moment que le Ministre, lorsqu'il a sanctionné l'avis du conseil, ne connaissait pas la décision formelle de son prédécesseur.

Cette décision lui a été rappelée, et M. Rammell, en représentant le grave préjudice qui résultait pour lui d'un refus intervenant, sur la seule opposition du conseil général des ponts et chaussées, après une instruction favorable poursuivie pendant plus de deux années, formulait au sujet des considérations invoquées par le conseil général diverses observations. Il faisait remarquer au Ministre, contrairement à une suggestion du conseil qui semble n'avoir pas eu le dossier de l'affaire sous les yeux, qu'il n'avait jamais varié dans son mode de procéder. Ce qu'il a demandé, c'est toujours une concession subordonnée à l'établissement préalable d'une ligne spécimen, à titre de démonstration pratique et publique de la bonté du système. Jamais il n'a pu y avoir la moindre ambiguïté sur ce point; et c'est bien ainsi que la chose était comprise par l'honorable M. de Freycinet, prédécesseur du ministre actuel, lorsqu'il prit sa décision du 9 juillet 1879, plusieurs fois rappelée ci-dessus. Si les résultats de cet essai n'étaient pas satisfaisants, il en résultait tout naturellement l'échec de la demande de concession introduite; mais, en revanche, disait M. Rammell au Ministre, combien il serait avantageux à la ville de Paris, si l'essai réussissait, qu'on eût fourni à celle-ci, pour le désencombrement de ses voies si chargées, un procédé de locomotion, goûté du public après expérience, et susceptible d'être établi en dehors de tout concours financier de l'État.

Néanmoins, tant par écrit que dans diverses entrevues, M. Rammell, pour répondre à certaines observations du Ministre sur le coût élevé de la ligne spécimen, telle qu'elle avait été arrêtée par les ingénieurs de la Ville, avait suggéré un moyen de réduire la longueur de la ligne et la dépense à engager.

Ces observations et ces propositions subsidiaires n'ont produit aucun résultat; et, par lettre du 5 mars 1881, le Ministre signifie à M. Rammell que sa demande est *définitivement* rejetée.

Nous annexons ici cette lettre sous le n° 10.

En résumé :

Il a été pris, le 9 juillet 1879, par le ministre des travaux publics d'alors, une décision autorisant l'essai que M. Rammell avait demandé, « aux conditions indiquées par les ingénieurs du service municipal et par l'inspecteur général des ponts et chaussées consulté sur cette affaire ».

M. Rammell a pleinement accepté ces conditions.

D'après cette décision, l'enquête légale a eu lieu. Elle a été favorable sur tous les points.

A la suite de cette enquête, le préfet de la Seine, jugeant l'heure de l'exécution arrivée, a ouvert entre les services intéressés, les conférences aux deux degrés qui précèdent l'approbation définitive des projets de travaux publics.

Ces conférences n'ont fait surgir aucune difficulté.

Tout paraissait donc terminé et mûr pour l'exécution.

La décision ministérielle du 15 octobre 1880 est venue se mettre en contradiction complète avec tous les résultats d'une instruction laborieuse, longuement poursuivie, et casser une décision formelle antérieure.

Il n'appartient pas à M. Rammell de discuter les actes du Conseil général des ponts et chaussées en tant qu'ils ne le concernent pas directement; mais il ne peut pas se dispenser de produire ici une observation :

Lorsqu'il est reconnu que la machine locomotive à vapeur est difficilement applicable à l'exploitation des chemins de fer intérieurs d'une grande ville, et, on peut le dire, point du tout à Paris, où les lignes doivent être établies presque entièrement en souterrain et, sur plusieurs points, avec de fortes rampes impraticables pour cette machine ; lorsque, en même temps, les autres moyens de traction employés jusqu'à ce jour à cet effet soulèvent les objections les plus graves contre leur adoption ; lorsqu'enfin cette question, d'une si haute portée, n'est pas résolue ;

Le Conseil général des ponts et chaussées n'assume-t-il pas une lourde responsabilité en s'opposant à toute démonstration de la bonté d'un système expressément destiné et élaboré pour cet objet, appuyé par une expérience déjà faite, par les autorités qui ont été citées, et qui, en cas de réussite, peut rendre de si éminents services à la ville de Paris pour le désencombrement de ses voies publiques et la circulation économique et rapide de son industrieuse population ; alors surtout que l'essai n'entraine aucune subvention de la part de l'État, mais est autorisé seulement aux « risques et périls » de son auteur?

C'est ce que toute personne réfléchie est en état d'apprécier.

Dans ces conditions, M. Rammell soumet à qui de droit les conclusions suivantes :

1° Que par l'instruction de cette affaire, et particulièrement par la décision ministérielle du 9 juillet 1879, rendue à la suite d'un examen technique et administratif complet, et après que le Conseil général des ponts et chaussées avait été entendu, il y a engagement par l'Administration envers M. Rammell ;

2° Que, même en supposant que cet engagement ne soit pas légalement obligatoire, il y a au moins un engagement moral contracté envers lui, engagement qui pour une administration française doit avoir autant de force qu'un engagement légal ;

3° Qu'il n'appartient à aucun ministre de se soustraire, au moyen d'une décision postérieure, à une obligation résultant d'une décision antérieurement prise par un de ses prédécesseurs ;

4° Que la décision du *15 octobre 1881* est entachée d'un vice capital en ce qu'elle est fondée sur différentes erreurs de fait, et en ce que le Ministre, mal renseigné sur la nature même de la demande, n'avait sous les yeux, lorsqu'il a statué, qu'un dossier incomplet, en contenant pas, de son propre aveu, la pièce essentielle, c'est-à-dire la décision du 9 juillet 1879 sur le même objet ;

5° Qu'en conséquence la décision *définitive du 5 mars 1881* est sans valeur, et que les mesures nécessaires doivent être prises pour mettre en vigueur la décision rendue le 9 juillet 1879 par l'honorable M. de Freycinet.

Nous annexons ci-dessous un extrait de l'opinion qu'a bien voulu donner à M. Rammell, sur la nature et la valeur des deux décisions ministérielles dont il s'agit, l'honorable M. JOZON, député, avocat au Conseil d'État et à la Cour de cassation.

« J'estime que M. le Ministre n'avait point le droit de prendre une pareille décision (celle du 15 octobre 1880).

» En effet, la décision du 9 juillet 1879 constituait à votre profit un droit acquis et non pas simplement, comme dit le Ministre dans sa lettre du 5 mars 1881, une éventualité ou une espérance à laquelle l'Administration aurait été libre de ne point donner suite.

» Le ministre lui-même qualifie l'acte du 9 juillet 1879 de *décision* : cette décision vous a été régulièrement notifiée. Il y était dit que l'essai proposé par vous était autorisé. Cette autorisation était, il est vrai, subordonnée à certaines conditions spécialement indiquées par la décision. La décision n'était donc point pure et simple, elle était conditionnelle, mais une fois les conditions indiquées remplies, elle avait la même force et la même vigueur qu'une décision pure et simple, et pouvait être invoquée par vous au même titre.

» Le ministre n'aurait pu la rapporter qu'autant que les conditions indiquées n'auraient pas été remplies. Or, non seulement elles l'ont été, mais M. le Ministre lui-même le reconnaît implicitement en s'abstenant, dans sa décision du 15 octobre 1880, de s'appuyer sur le non-accomplissement des conditions prescrites pour justifier son refus de donner suite à l'essai précédemment autorisé.

» Il n'appuie ce refus que sur des raisons d'intérêt général. Le système proposé, dit-il en substance, ne serait point avantageux pour le public, et l'établissement d'un chemin de fer pneumatique, à titre d'essai, constituerait une sorte d'engagement moral de la part de l'Administration de se prêter ultérieurement à une concession qu'elle ne veut point accorder.

» Ces raisons, quelle que soit leur valeur, sont insuffisantes pour permettre à l'Administration de revenir sur une décision qui vous était définitivement acquise dès que les conditions auxquelles elle était subordonnée étaient accomplies. Ces raisons touchent, en effet, au fond même de la question qui avait été examinée avant la décision du 9 juillet 1879, résolue en votre faveur par cette décision, et ne pouvait, en conséquence, être de nouveau débattue et résolue contre vous par une décision postérieure.

» Vainement, dans sa lettre du 5 mars 1881, M. le Ministre ajoute-t-il que l'Administration, en invitant M. le Préfet de la Seine à procéder aux formalités qui doivent précéder l'exécution de tout travail en France, ne pouvait préjuger les résultats de l'examen nouveau qui devait avoir lieu, et que ces résultats ayant été défavorables, la décision du 15 octobre 1880 a pu rapporter la décision du 9 juillet 1879, sans qu'il y ait, en réalité, aucune contradiction entre ces deux décisions.

» En s'exprimant ainsi, M. le Ministre me paraît avoir méconnu et dénaturé le sens et la portée de la décision du 9 juillet 1879.

» Cette décision ne constitue pas une simple invitation au Préfet de la Seine de procéder aux formalités et à l'examen préalables à l'exécution d'un travail public; encore moins une invitation à procéder à un nouvel examen sur votre proposition. Il résulte au contraire de la décision du 9 juillet 1879 que l'examen de votre projet a eu lieu par les soins des ingénieurs, qu'il est complet, et que le ministre décide, comme conclusion de cet examen, qu'il vous autorise à procéder à l'essai dont il s'agit; la décision réserve non point un examen nouveau, mais l'accomplissement de certaines formalités qui ont eu lieu depuis et dont aucune n'a soulevé d'objections.

» M. le Ministre paraît croire qu'en France, tant qu'un travail n'est pas exécuté, l'Administration qui l'a autorisé a le pouvoir, si son appréciation sur l'utilité du travail projeté se modifie, de retirer son autorisation. Il n'en est point ainsi; l'autorisation donnée, l'Administration ne peut la retirer, à moins qu'elle ne se soit réservé expressément ou implicitement cette faculté. Toute la question revient donc à se demander si, dans l'espèce, la décision du 9 juillet 1879 constituait en votre faveur une autorisation définitive, ou vous donnait seulement l'espérance d'obtenir cette autorisation après un nouvel examen de vos propositions. Les raisons que j'ai données plus haut me font croire qu'on ne peut attribuer à la décision du 9 juillet 1879 que le premier caractère. »

Nous faisons suivre cette opinion d'une autre qui a été donnée depuis à M. Rammell, sur le même sujet, par Sir Hardinge Giffard, avocat de la Reine, membre du Parlement anglais; *Solicitor-General* pour l'Angleterre, dans le ministère de Lord Beaconsfield.

« I hesitate to express any opinion upon the constitutional question referred to by M. Jozon as to how far the decision of one Minister can be cancelled by that of his successor.

» Upon principle it would seem that the responsability of the Government is establishe by the act of its authorised agent, and that though the individual filling the office may vary the authority must exist somewhere to constitute continuity of government.

» But I have no doubt upon the true construction of the decision of the 9th of July 1879.

» That seems to me to express in no doubtful terms that a decision has been arrived at subject to certain conditions; upon the compliance with those conditions the decision became absolute, and whatever rights that decision, if absolute, would confer seem to me to have beer established by the compliance with those conditions.

Hardinge GIFFARD.

TRADUCTION

« J'hésite à exprimer aucune opinion sur la question constitutionnelle soulevée par M. Jozon sur le point de savoir dans quelle mesure la décision d'un ministre peut être annulée par son successeur.

» En principe, il paraîtrait que la responsabilité du Gouvernement est engagée par l'acte de son agent autorisé, et que, quoique la personne qui remplit l'office puisse varier, l'autorité qui constitue la continuité de gouvernement doit exister quelque part.

» Mais je n'ai aucun doute quant à la vraie portée de la décision du 9 juillet 1879.

» Elle me semble exprimer en termes non douteux qu'une décision a été prise sur le sujet, assujettie à certaines conditions; par l'accomplissement de ces conditions la décision est devenue absolue et, quels que soient les droits que cette décision, si elle eut été d'abord absolue, aurait conférés, ces droits me semblent acquis par l'exécution de ces conditions.

Hardinge GIFFARD.

Paris, 22 juin 1878.

A MONSIEUR LE MINISTRE DES TRAVAUX PUBLICS,

MONSIEUR LE MINISTRE,

J'ai l'honneur de vous demander l'autorisation d'établir un tramway souterrain sans subventions :

1° De la Bastille à la place de la Madeleine;

2° De la place de la Concorde au Champ de Courses, passant par le Jardin d'acclimatation;

Ces deux tronçons pouvant être raccordés entre eux au besoin.

La multiplication des tramways ordinaires à Paris rend de très grands services à la circulation générale. Ils sont très vivement appréciés par la population. Mais l'établissement en est impossible sur les boulevards intérieurs et aux Champs-Élysées. Sur ce parcours il y a nécessité d'y suppléer par une circulation souterraine.

La création des chemins de fer souterrains, comme ceux de Londres, présente des conditions spéciales, qui impliquent des dépenses considérables; elle entraîne aussi des inconvénients attachés au mode de locomotion qui ne paraissent pas acceptés par le sentiment public.

Les inconvénients qu'on redoute sont notamment le bruit et la trépidation des locomotives; la chaleur qu'elles développent; la production, dans une mesure inévitable, de fumée et de vapeur qui donnent à l'atmosphère des tunnels une température élevée, imprégnée d'odeurs désagréables, et d'une respiration pénible par certains temps. Et les procédés pour une aération suffisante ont fait défaut jusqu'à ce jour.

On ne saurait, d'autre part, songer à la traction par chevaux.

Mon système de propulsion consiste à introduire, dans les sections de tunnel entre les stations, de l'air comprimé à une faible pression, souvent au-dessous rarement au-dessus de 1/100 d'atmosphère. Cet air agit comme le vent gonflant la voile d'un navire, sur un écran placé à l'arrière du train et qui laisse entre lui et la paroi du tunnel un vide de quelques millimètres. La vitesse obtenue, variable à volonté, peut facilement atteindre et même dépasser 10 mètres par seconde.

La conséquence directe de ces dispositions est la suppression de tous les inconvénients attribués à la traction par locomotives. Pas de chaleur, pas de fumée, pas de vapeur, pas de bruit, pas de trépidation.

Une aération permanente, régulière et modérée est entretenue, en outre, par le passage d'une fraction de l'air comprimé, dans l'interstice existant autour de l'écran.

Sans que la force à dépenser sorte des limites admissibles, je puis avoir des rampes de 1/40 et même 1/30. Il en résulte, relativement au profil en long de la voie, des facilités, pour passer au-dessous et au-dessus d'obstacles souterrains, que ne donne pas une voie à locomotives. En tenant compte, d'autre part, de la moindre section transversale du tunnel, j'arrive à une dépense modérée qui permet de se passer de subventions, en réduisant l'œuvre aux proportions modestes d'un tramway souterrain, capable toutefois de desservir une circulation extrêmement active.

Le système que je veux appliquer a été expérimenté en Angleterre dans le jardin du Crystal palace, et plus de 30,000 voyageurs ont parcouru mon tunnel d'essai. Des améliorations importantes y ont été introduites depuis et le Parlement anglais a autorisé dans Londres l'établissement d'une voie souterraine comme celle que j'ai l'honneur de vous proposer. Cette création fut appuyée officiellement par une note signée par vingt des ingénieurs les plus éminents de l'Angleterre, dont copie est ci-jointe (1).

Je suis prêt à vous soumettre, monsieur le Ministre, les bases de l'avant-projet que j'ai rédigé pour les deux lignes dont je sollicite la concession, le projet ne pouvant être complété qu'après entente avec l'Administration.

Je suis prêt également à justifier de mes moyens d'exécution et à déposer le cautionnement qui pourra m'être réclamé.

J'ajoute que, dans le cas où j'obtiendrais la concession, je m'engagerais, si cela était nécessaire, à établir une section d'essai d'au moins un kilomètre de longueur, sur une partie du parcours, afin que l'Administration et le public puissent apprécier, avant exécution complète, toutes les conditions de fonctionnement du système.

Je vous prie, Monsieur le Ministre, d'agréer l'assurance de mon profond respect.

T.-W. RAMMELL.

---

(1) Nous donnons ci-après le texte original et le nom des signataires de ladite note qui date de 1875, et dont l'objet était d'appuyer, près des commissaires royaux de l'exposition permanente de Kensington, une demande de M. Rammell relative au *pneumatic-railway* destiné à desservir ce grand établissement.

ATTESTATION JOINTE A LA DEMANDE DE CONCESSION QUI PRÉCÈDE

« We, the undersigned Members of the Profession of Civil Engineers, and » others, beg to represent :

» That we have knowledge of the pneumatic system of propulsion, as applied » by Mr. Rammell, and of his long devotion to the working out of the inven- » tion.

» That we are cognizant of his plans for a Pneumatic Railway at South » Kensington, the Parliamentary Powers for which were granted in 1872, and » are of opinion that apart from the local usefulness of this line, and in » view only of the importance of working out practically the principle invol- » ved in it, and thoroughly testing its applicability to railway purposes, the » undertaking deserves encouragement and support from Her Majesty's Com- » missioners. »

(Signed)

George Robert Stephenson, President of the Institution of Civil Engineers.

Charles Hutton Gregory,
T. Hawksley, } Past Presidents, Inst. C.E.

James Abernethy,
W. H. Barlow, F.R.S.
J. Fredk. Bateman, F.R.S. } Vice Presidents, Inst. C.E.

Sir J. W. Bazalgette, Chief Engineer to the Metropolitan Board of Works.
George Berkley,
F. J. Bramwell, F.R.S. President of the Institute of Mechanical Engineers.
George B. Bruce,
James Brunlees,
Sir John Coode,
Harrison Hayter,
William Pole, F.R.S.,
C. William Siemens, F.R.S.,
Sir Joseph Whitworth, F.R.S.,
Edward Woods, } Members of Council, Inst. C.E.

E. Frankland, D.C.L., Ph.D., F.R.S.

Latimer Clark, M. Inst., C.E., Past President of the Society of Telegraphic Engineers.

William Haywood, M. Inst. C.E., chief Engineer to the City of London.

Paris, le 29 janvier 1879.

Lettre a Monsieur Huet,

Ingénieur en chef des ponts et chaussées, directeur adjoint des travaux de Paris.

Monsieur l'Ingénieur en chef,

Dans la demande de concession de lignes de tramways souterrains dans Paris que j'ai eu l'honneur de présenter à M. le Ministre des travaux publics, en date du 22 juin 1878, je m'engageais à construire, si cela était nécessaire, un spécimen de pneumatic railway propre à faire apprécier toutes les conditions de fonctionnement de ce système.

D'après les indications que vous avez bien voulu me donner dans les entrevues que j'ai eu l'avantage d'avoir avec vous et M. le directeur des travaux de Paris, relativement aux dispositions à prendre et au point à choisir pour l'établissement du spécimen en question,

J'ai l'honneur de vous adresser ci-joint un croquis qui résume en plan et en profil ce que je voudrais faire.

Le spécimen constituerait une des sections de la ligne que j'ai demandée de la place de la Concorde au Champ de courses. Il s'étendrait de la porte du Jardin d'acclimatation, aux abords de l'Arc de Triomphe de l'Étoile, par la porte Maillot, et l'avenue de la Grande Armée. Sa longueur serait de 1,835 mètres, et il comprendrait 3 stations à peu près également réparties sur le parcours.

Le tramway souterrain se tiendrait partout à la moindre profondeur possible. Il passerait sous le chemin de ceinture près la porte Maillot, et la pente longitudinale la plus forte ne dépasserait pas $0^{m},0272$ pour 1 mètre. Il franchirait en dessus le seul égout un peu important rencontré. Deux des stations, les nos 1 et 2, au Jardin d'acclimatation et à la porte Maillot, seraient établies à ciel ouvert. Celle de l'Étoile serait placée souterrainement en contre-bas de la plate-forme plantée côté droit de l'avenue de la Grande Armée, en regardant l'Arc de Triomphe.

Le spécimen serait provisoirement à une voie, mais pourra être doublé ultérieurement. Dès l'abord, la station intermédiaire et le terminus du Jardin d'acclimatation seront à double voie, afin d'avoir un croisement de trains à la station intermédiaire et, au terminus, une voie provisoire de remisage.

Le temps de parcours total entre les terminus sera de 5 à 6 minutes, y compris les arrêts aux stations. Les trains pourront ainsi se succéder de 10 en 10 minutes, ou de 12 en 12, dans chaque sens, en n'utilisant pas le croisement central, et de 5 en 5 minutes, ou de 6 en 6, en utilisant ce croisement.

Le mouvement sera donné par des appareils pneumatiques, établis en contrebas du sol, aux stations n° 1 et 2, lesdits appareils actionnés par des machines à eau comprimée, laquelle sera fournie par un moteur à vapeur construit au bord de la Seine, à 1,600 mètres environ de la station n° 1.

Pour tous les autres renseignements que vous jugeriez nécessaires, je me tiens à votre disposition, et j'ai l'honneur de vous prier, Monsieur l'ingénieur en chef, d'agréer l'assurance de ma considération la plus distinguée.

T.-W. Rammell.

PONTS ET CHAUSSÉES

DÉPARTEMENT DE LA SEINE

DIRECTION
des Travaux de Paris

SERVICE
DES
Chemins de fer municipaux

Paris, le 1er février 1879.

MONSIEUR,

Votre lettre du 29 janvier courant, et les plan et profil en long qui l'accompagnent, sont rédigés d'une manière trop sommaire, et laissent dans l'ombre trop de points importants, pour que je puisse formuler officiellement un avis sur votre projet d'essai d'un pneumatic-railway entre l'Arc de Triomphe et le Jardin d'acclimatation.

Un premier examen sommaire montre en effet que la contre-allée de l'avenue de la Grande Armée, sous laquelle vous projetez d'établir votre railway, est occupée, entre deux rangées d'arbres, par un ancien égout de 2 mètres sur $0^{m},80$, que votre projet détruit en plusieurs points, et notamment à son passage sous le chemin de fer d'Auteuil et au passage des fortifications où cet égout se trouve séparé de son débouché suivant l'avenue de la Révolte.

Il importe de justifier par des dessins à plus grande échelle, et par des coupes, la possibilité de rétablir dans des conditions satisfaisantes le drainage, tant de la voie publique que des habitations, travaux qui seraient naturellement à votre charge, et de ne pas faire obstacle aux plantations d'alignement réglementaire sur l'avenue.

La station à ciel ouvert de la porte Maillot, que vous indiquez par un simple rectangle, nécessiterait certainement l'occupation d'un espace beaucoup plus considérable en raison de l'installation des moteurs, d'une part, et des branchements de voie que comporte le raccordement, à l'amont et à l'aval de la station, de sa double voie avec la voie simple qui est votre type courant. Il importe que les dispositions de cette station et de ses abords puissent se combiner avec les exigences de la circulation, et l'aspect de la grande promenade publique.

La même observation est applicable en grande partie à votre station n° 1, qui, en dehors de l'espace à réserver aux engins moteurs, devra probablement comporter l'établissement de rampes d'accès pour l'introduction du matériel roulant dans votre railway souterrain.

En résumé, il est nécessaire que vous appuyiez votre demande d'un avant-projet, c'est-à-dire d'une étude plus détaillée, faite à une échelle suffisante pour montrer les conséquences de l'exécution de votre projet en ce qui concerne la conservation de la voie publique, de son drainage, ainsi que du drainage des propriétés riveraines, de ses plantations, etc., en ce qui concerne en outre les nécessités de la circulation et du bon aspect de la grande promenade du bois de Boulogne.

Je ferais d'ailleurs mettre à votre disposition les renseignements statistiques nécessaires à cette étude.

Veuillez agréer, Monsieur, l'assurance de ma considération distinguée.

L'Ingénieur en chef des chemins de fer municipaux,

E. HUET.

A. Monsieur T.-W. RAMMELL, ingénieur.

Annexe n° 4.

Paris, le 6 février 1879.

PONTS ET CHAUSSÉES

DÉPARTEMENT DE LA SEINE

DIRECTION
des Travaux de Paris

SERVICE
DES
Chemins de fer municipaux

MONSIEUR,

Monsieur le Directeur des Travaux de Paris vous autorise à faire une étude détaillée d'une ligne d'essai de votre système de pneumatic-railway, entre l'Arc de Triomphe et le Jardin d'acclimatation, mais en modifiant votre premier tracé de manière à emprunter le saut de loup du boulevard Maillot, et à placer votre terminus à la porte des Sablons, entrée du bois de Boulogne.

Je vous adresse ci-joint un plan du projet d'agrandissement du Bois de Boulogne, dont vous aurez à tenir compte dans votre étude, et vous prie de demander les renseignements statistiques sur la voie publique, les eaux, égouts, plantations, etc..

A M. Bartet, ingénieur des ponts et chaussées (mairie du XVIe arrondissement, Passy), en ce qui concerne l'avenue de la Grande Armée;

Et à M. Lalo, conducteur des ponts et chaussées, 7, rue Largillière, Passy, Paris, en ce qui concerne le bois de Boulogne.

Ces messieurs sont prévenus de votre visite et autorisés à vous fournir des renseignements.

Veuillez agréer, Monsieur, l'assurance de ma considération distinguée.

L'Ingénieur en chef,

E. HUET.

A. Monsieur T.-W. RAMMELL, ingénieur.

Paris, le 6 mars 1879.

PNEUMATIC-RAILWAY

LIGNE D'ESSAI
entre l'Arc de Triomphe et le Jardin d'acclimatation.

NOTE SUR L'AVANT-PROJET.

NOTE DE M. LE DIRECTEUR-ADJOINT

ADRESSÉE A M. RAMMELL.

I. Indiquer, station n° 1, la nature et l'emplacement du monte-charge pour l'entrée et la sortie du matériel roulant.

II. Le tunnel ne peut occuper le saut-de-loup ; il faut le rejeter sous le trottoir et le talus.

III. Il faut assurer le drainage des eaux ménagères du chalet Lebis, et du puisard séparé de l'égout de la rue Montrosier.

IV. A la station n° 2, les mécanismes doivent être placés en souterrain, et le bâtiment de la station doit être une construction décorative, entourée de plantations, et en harmonie avec le caractère de la promenade.

V. Indiquer l'emplacement des valves, et de leur mécanisme moteur.

VI. Indiquer le mode d'écoulement de l'eau motrice.

VII. Détailler dans un devis descriptif et justificatif les divers travaux à exécuter, la nature et la composition des trains, le mode de propulsion tant par l'air comprimé entre les valves, que par un système automoteur aux abords des stations et au démarrage. Donner un aperçu de ce système.

Pour faire ultérieurement :

VIII. Se pourvoir auprès de l'État pour l'autorisation d'établir une usine au bord de la Seine, et une conduite d'eau à haute pression sous l'Avenue de Neuilly, et auprès de la commune pour faire passer cette conduite sous la rue d'Orléans.

IX. Justifier des moyens financiers pour une *exécution rapide.*

Paris, le 19 juillet 1879.

DIRECTION
DES TRAVAUX DE PARIS

CABINET
de l'Ingénieur en Chef des ponts et chaussées.
Adjoint au Directeur.

Palais du Luxembourg.

PNEUMATIC-RAILWAY

LIGNE D'ESSAI

Demande de justification de moyens financiers.

Reg. A. — N° 192.

MONSIEUR,

A l'appui de votre demande, adressée le 22 juin 1878, à M. le Ministre des Travaux publics, en vue d'obtenir la concession d'un tramway souterrain de la Bastille à la Madeleine, par les boulevards, et de la place de la Concorde au champ de courses de Longchamp, par le Jardin d'acclimatation, vous avez proposé de construire une section d'essai de votre pneumatic-railway entre l'Arc de Triomphe de l'Étoile et le Jardin d'acclimatation, et vous avez produit l'avant-projet de cette section d'essai.

J'ai l'honneur de vous informer que, par une **décision du 9 juillet 1879, M. le Ministre des Travaux publics a informé M. le Préfet de la Seine qu'il y avait lieu d'autoriser l'essai dont il s'agit aux conditions indiquées par les ingénieurs du service municipal, chargés d'examiner votre demande, et par l'Inspecteur général des ponts et chaussées, consulté sur cette affaire.**

Les ingénieurs auxquels cet avant-projet a été soumis *ont été d'avis qu'avec les dispositions qu'il comporte et avec une exploitation très vigilante, la ligne d'essai pourra fonctionner et suffire à une circulation, dans les deux sens, de trains de 200 voyageurs, espacés de 6 minutes. Ils ont estimé que son établissement ne paraît pas devoir rencontrer de trop grandes difficultés, que l'essai peut avoir de l'intérêt et qu'il y a lieu de l'autoriser à vos frais, risques et périls, sous les conditions et charges ordinaires, et sous la réserve que vous justifierez complètement, et avant toute formalité d'enquête, de conférences, etc., de vos moyens financiers d'exécution.*

Je viens vous demander en conséquence de vouloir bien justifier de ces moyens financiers.

Cette justification me paraît devoir comprendre, d'une part, une estimation sommaire, mais large, des dépenses d'établissement et de mise en train de l'exploitation, et, d'autre part, un engagement d'une Société financière, d'un établissement de crédit ou de banquiers, dont le crédit puisse être accepté comme garantie, engagement pris envers vous de faire les fonds de l'affaire dans la limite ci-dessus déterminée.

Veuillez agréer, Monsieur, l'assurance de ma considération très distinguée.

L'Ingénieur en Chef des chemins de fer municipaux,
E. HUET.

A M. RAMMELL, ingénieur.

Annexe n° 7.
pièce (a)

PRÉFECTURE
DU
DÉPARTEMENT DE LA SEINE

Paris, le 20 août 1879.

MONSIEUR,

Par une dépêche du 14 de ce mois, M. le Ministre des Travaux publics m'a invité à soumettre aux formalités d'enquête le projet que vous avez présenté à l'effet d'expérimenter votre système de tramway souterrain à moteur pneumatique, entre l'Arc de Triomphe de l'Étoile et le Jardin d'acclimatation.

Cette enquête devant avoir lieu simultanément à Paris et à Saint-Denis, je vous prie de m'envoyer un double de votre projet.

Recevez, Monsieur, l'assurance de ma considération distinguée.

Le Préfet de la Seine,
Pour le Préfet et par autorisation :
L'Inspecteur général des ponts et chaussées,
Directeur des travaux,
ALPHAND.

A M. T.-W. RAMMELL.

Annexe n° 7.
pièce (b)

PRÉFECTURE
DU
DÉPARTEMENT DE LA SEINE

Paris, le 31 octobre 1879.

MONSIEUR,

La Commission d'enquête concernant l'avant-projet d'une ligne spécimen de tramway souterrain à propulsion atmosphérique entre la place de l'Étoile et le Jardin d'acclimatation se réunira la mercredi 5 novembre, à 1 heure, aux Tuileries, direction des tramways (salle des Commissions A).

J'ai l'honneur de vous en donner avis, afin que vous puissiez vous tenir à la disposition de la Commission pour le cas où elle croirait devoir vous entendre.

Agréez, Monsieur, l'expression de ma considération distinguée.

Le Sénateur, Préfet de la Seine,
Pour le Préfet et par autorisation :
L'Inspecteur général des ponts et chaussées,
Directeur des travaux,
ALPHAND

A Monsieur T.-W. RAMMELL, ingénieur.

Annexe n° 7
pièce (c)

EXTRAIT DU RAPPORT DE LA COMMISSION D'ENQUÊTE

Sur l'avant projet d'une ligne spécimen de tramway souterrain à propulsion atmosphérique entre la place de l'Étoile et le Jardin d'acclimatation

Ladite commission réunie aux Tuileries, le 5 novembre 1879, sous la présidence de M. de Hérédia, conseiller général de la Seine.

Conclusion du Rapport

« A la suite de cette discussion, la commission exprime l'avis qu'il n'y a pas d'inconvénient à expérimenter le système de tramway souterrain à propulsion pneumatique entre l'Arc de Triomphe de l'Étoile et le Jardin d'acclimatation, sous toutes réserves de droit pour une concession future, s'il y a lieu. »

Annexe n° 8.
pièce (a)

DIRECTION
des Travaux de Paris.

Paris, le 8 décembre 1879.

L'ingénieur en chef des ponts et chaussées à M. Rammell, ingénieur.

MONSIEUR,

Afin de pouvoir procéder aux conférences entre les divers services intéressés à la construction de votre pneumatic-railway, il est utile que vous me remettiez un plan indicatif de l'emplacement des machines élévatoires et de leurs annexes, telles que prise d'eau et conduite de refoulement et de retour.

Une description sommaire de ces divers appareils, avec quelques dessins cotés à l'appui, me serait également nécessaire.

Veuillez, Monsieur, agréer l'assurance de mes sentiments les plus distingués.

E. HUET.

Annexe n° 8.
pièce (b)

DIRECTION
des Travaux de Paris.

Paris, le 17 décembre 1879.

L'Ingénieur en chef des ponts et chaussées, directeur-adjoint des travaux de Paris.

Note des dessins demandés à M. l'Ingénieur Rammell, pour les conférences des chefs de service intéressés.

I. Copie de la pièce n° 2 du projet. c'est-à-dire plan général et profil en long aux échelles indiquées.

I. Dessin *spécial* pour *chaque station* indiquant l'épaisseur maxima des murs et les dispositions adoptées d'une manière définitive ; — soit *3 pièces* à l'échelle de 0m 002 sur une feuille de 0 31 de hauteur.

I. Dessin indiquant en plan la partie comprise entre le chemin de fer de Ceinture et la porte Maillot, à l'échelle de 0m 001, — station intermédiaire comprise. On joindrait à ce dessin une section du tunnel, avec indication des épaisseurs de maçonnerie. Cette section serait reproduite à l'échelle de 0m 01, avec profil du terrain, donnant la position du tunnel à la traversée des fortifications. Cette pièce est tout à fait nécessaire pour la conférence avec le service du Génie.

I. Dessin reproduisant le plan des égouts à reconstruire en avant et en arrière du chemin de fer de Ceinture, à l'échelle de 0m 001, avec *une coupe* transversale indiquant le tunnel et l'égout latéral nouveau, à l'échelle de 0m 01.

I. Dessin donnant une coupe longitudinale et une coupe transversale du chemin de fer de Ceinture, avec indication du tunnel et de l'égout latéral, ainsi que des dispositions à prendre pour cette traversée. Pour cette pièce de conférence avec la Compagnie de l'Ouest, on procurera ultérieurement à M. Rammell les croquis nécessaires à sa production.

I. Dessin reproduisant en coupe la position du tunnel à la traversée du saut-de-loup du bois, et à son passage latéral au boulevard Maillot ; — échelle de 0m 005.

I. Dessin présentant en coupe transversale et longitudinale, à l'échelle de 0m 005, la traversée de l'égout de la rue Duret.

Enfin une carte d'ensemble donnant la prise d'eau et la position de la conduite qui doit aboutir aux stations nos 1 et 2.

Tous ces dessins doivent être exécutés sur une feuille de 0m31 de hauteur.

Annexe n° 8.
pièce *(c)*.

Paris, le 31 mars 1880.

DIRECTION
des Travaux de Paris.

Monsieur,

J'ai l'honneur de vous remettre les différents dessins qui viennent à l'appui du procès-verbal de conférence entre les ingénieurs en chef des services municipaux, et je vous prie d'en faire établir les expéditions nécessaires, ainsi qu'il suit :

Pièce n°	2	—	5	copies
—	3	—	3	id.
—	4	—	4	id.
—	5	—	3	id.
—	6	—	3	id.
—	7	—	4	id.
—	8	—	4	id.
et —	9	—	5	id.

Veuillez recevoir, Monsieur, l'assurance de ma considération très distinguée.

E. Huet.

A M. Rammell, Hotel Continental.

NOTA. — Ces 31 dessins furent envoyés à M. Huet, avec les 8 pièces originales retournées, le 9 avril 1880.

Annexe n° 8.
pièce *(d)*.

Paris, le 13 avril 1880.

DIRECTION
des Travaux de Paris

Monsieur,

J'ai l'honneur de vous adresser une expédition du dernier procès-verbal de conférence, vous priant de vouloir bien en faire établir deux semblables.

Veuillez recevoir, Monsieur, l'assurance de ma considération distinguée.

E. Huet.

A M. Rammel, Hôtel Continental.

Annexe n° 9.

RÉPUBLIQUE FRANÇAISE

LIBERTÉ, — ÉGALITÉ, — FRATERNITÉ.

DIRECTION
DES TRAVAUX DE PARIS

4e Division

1er Bureau

SEINE

Chemin de fer souterrain à moteur pneumatique
Système Rammell.

Demande à l'effet d'obtenir l'autorisation d'expérimenter ce système entre la place de l'Étoile et le Jardin d'acclimatation.

Décision.

4232

PRÉFECTURE DU DÉPARTEMENT DE LA SEINE

Paris, le 15 octobre 1880. (1)

MONSIEUR LE PRÉFET,

J'ai examiné en Conseil général des ponts et chaussées les pièces de l'enquête et de l'instruction auxquelles a donné lieu la demande présentée par M. Rammell, à l'effet d'être autorisé à établir à titre d'expérience, entre la place de l'Etoile et le Jardin d'acclimatation, une ligne spécimen de chemin de fer souterrain à propulsion atmosphérique.

Le Conseil, après avoir délibéré, a fait observer d'abord que le mode de locomotion dont M. Rammell demande à faire l'essai à Paris, a déjà été expérimenté à Londres, et que les objections qu'il peut soulever au point de vue technique doivent être, quant à présent, tenues en dehors de la discussion. L'installation du chemin de fer atmosphérique à Paris ne serait donc qu'un complément d'expériences.

A ce point de vue, le Conseil général des ponts et chaussées a estimé, d'une part, que le système proposé, même en lui supposant un succès complet en ce qui concerne son fonctionnement, ne pourrait pas dans l'espèce offrir d'avantages pour le public sur les moyens de locomotion existants (2).

Dès lors, l'intérêt général ne justifierait pas, surtout à Paris, et dans le quartier dont il s'agit, les embarras qu'imposerait à la circulation l'exécution des travaux (3).

Le Conseil a rappelé que cet ordre de considérations a déjà conduit, il y a plusieurs mois, l'Administration à refuser, sur son avis, l'autorisation d'exécuter des travaux pouvant apporter une gêne momentanée au service de la grande voirie et dont l'utilisation ultérieure n'était pas certaine.

---

(1) La copie de cette dépêche n'est venue en la possession de M. Rammell que six semaines après sa date, à la suite d'un avis de la direction des travaux, daté du 26 novembre, l'invitant à se présenter, dans le premier bureau de la quatrième division, *pour affaire qui le concerne.*

(2) Il aurait au moins l'avantage d'augmenter le nombre de ces moyens de locomotion, et serait d'ailleurs plus rapide, plus commode et bien plus puissant que les omnibus et tramways, n'encombrerait pas la voie publique et offrirait toujours des places en abondance. Comment, dans ces conditions, prétendre que, *dans l'espèce*, il n'offrirait pas d'avantages au public !

(3) Ces embarras, *tout temporaires*, sur une avenue de 80 mètres de largeur, seront absolument nuls. Les ingéneurs de la ville ne s'en sont jamais inquiétés. Comment se fait-il que le Conseil général des ponts et chaussées s'en préoccupe à leur place ?

D'autre part, cette assemblée a fait observer qu'un simple complément d'expériences techniques ne pouvait exiger une dépense de trois millions comme celle que M. Rammell a demandé à faire pour l'installation du tunnel et des appareils projetés; l'élévation même de ce chiffre indique suffisamment que le pétitionnaire a en vue tout autre chose qu'un simple essai; d'autant plus qu'il a annoncé lui-même implicitement, au cours de l'instruction, la présentation ultérieure d'une demande en concession (1).

Le Conseil général des ponts et chaussées a d'ailleurs considéré que, malgré toutes les réserves que pourrait comporter une autorisation, l'Administration ne pourrait laisser exécuter sous ses yeux des travaux aussi considérables et aussi dispendieux sans paraître contracter une sorte d'engagement moral de se prêter ultérieurement, soit à une concession, soit à d'autres arrangements susceptibles de dédommager indirectement le permissionnaire des sacrifices qu'il aurait faits et qu'elle pourrait se préparer ainsi des embarras sérieux pour l'avenir (2).

Dans ces conditions, le Conseil général des ponts et chaussées a émis l'avis qu'il n'y avait pas de suite à donner à la demande de M. Rammell.

Cet avis m'a paru bien motivé et je l'ai approuvé par décision de ce jour (3).

Je vous prie de donner connaissance de cette décision à M. Rammell, à qui vous voudrez bien remettre les pièces qu'il avait jointes à sa demande, et que je vous renvoie.

J'informe directement de cette décision M. l'Ingénieur en chef des chemins de fer métropolitains.

Recevez, etc.,

Le Ministre des Travaux publics,
Pour le Ministre et par autorisation,
Le Conseiller d'État
Directeur général des Chemins de fer,
Signé : DUVERGER.

Pour copie conforme :
L'Inspecteur général des ponts et chaussées,
Directeur des travaux.
ALPHAND.

---

(1) Il semble que le Conseil général n'avait pas le dossier sous les yeux. Ce n'est pas un *complément d'expériences techniques* que M. Rammell voulait faire, mais un *spécimen* se rattachant à la concession demandée par lui, très *explicitement* et non *implicitement*, comme le suppose le Conseil.

(2) Ces considérations n'ont rien de nouveau. L'honorable M. de Freycinet ne pouvait manquer d'y avoir songé lorsqu'il a pris sa décision du 9 juillet 1879. Mais il avait tenu compte, ce que ne fait pas le Conseil, des avantages à recueillir par le public et par la ville de Paris de l'essai demandé, s'il était accompagné de réussite.

(3) Évidemment le Ministre n'avait pas connaissance de la décision de son prédécesseur, sans quoi il n'eut pas manqué d'y faire au moins allusion.

Paris, le 5 mars 1881.

MINISTÈRE
DES TRAVAUX PUBLICS

Direction générale des chemins de fer.

DIRECTION
DE LA CONSTRUCTION

1re Division

1er Bureau

Chemin de fer souterrain à propulsion atmosphérique proposé par M. Rammell.

Monsieur,

Vous m'avez présenté différentes observations pour contester le bien fondé des motifs sur lesquels s'appuie la décision du 15 octobre dernier, par laquelle a été rejetée la demande que vous aviez présentée à l'effet d'être autorisé à établir entre le Jardin d'acclimatation et la place de l'Étoile un chemin de fer souterrain à propulsion atmosphérique.

Vous faites connaître que cette décision est en contradiction avec celle du 9 juillet précédent, laquelle vous aurait accordé l'autorisation dont il s'agit, sous réserve de l'accomplissement des formalités d'une enquête.

Je vous ferai remarquer que l'Administration, en invitant M. le Préfet de la Seine à procéder aux formalités qui doivent précéder l'exécution de tout travail en France, ne pouvait préjuger les résultats de l'examen nouveau qui devait avoir lieu sur vos propositions.

Ces résultats ayant été défavorables (1), la décision du 15 octobre est intervenue, mais il n'y a en réalité aucune contradiction entre les deux décisions successives qui ont été prises relativement à votre demande (2). Il ne me paraît d'ailleurs pas possible de revenir sur la décision du 15 octobre, qui a rejeté vos propositions, et qui m'a paru bien motivée.

Vous m'avez rappelé également la nouvelle demande d'autorisation que vous avez présentée récemment et qui s'appliquerait à un parcours plus restreint que la première.

Cette nouvelle demande, qui a pour objet l'établissement d'une ligne pneumatique entre la porte Maillot et le Jardin d'acclimatation, vient d'être examinée par MM. les ingénieurs de l'Etat, par M. le préfet de la Seine et par le Conseil général des ponts et chaussées.

De graves objections ont été élevées, tant par MM. les ingénieurs que par M. le préfet de la Seine, lequel a déclaré s'opposer formellement à une modification quelconque du Bois de Boulogne (3), et le Conseil général des ponts et

(1) Ces résultats ont tous été hautement **favorables**. Il n'y a que l'avis du Conseil général des ponts et chaussées, émis après un examen incomplet du dossier, qui ait été *défavorable*.

(2) Il n'y a entre elles, en effet, d'autre contradiction que celle-ci : c'est que l'une *refuse* ce que l'autre avait *accordé*.

(3) Ceci devient absolument incompréhensible, puisqu'il s'agit d'une moitié de la ligne qui avait été acceptée, dans son ensemble, par les ingénieurs et le Préfet.

chaussées a émis l'avis que votre projet ne pouvait être accueilli pour des raisons analogues à celles qui ont déjà motivé le refus d'autorisation qui vous a été opposé dans la décision du 15 octobre 1880.

Dans l'entrevue que j'ai eu avec vous, je vous avais fait connaître que je ne croyais pas pouvoir revenir sur la décision du 15 octobre. J'avais ajouté que je serais disposé à examiner une nouvelle demande tendant à un essai plus restreint, sous la réserve formelle que l'autorisation de faire cet essai, au cas où elle vous serait accordée, et quel que soit le résultat de l'expérience, ne préjugerait en rien l'accueil qui serait fait à toute demande ultérieure de concession. Dans votre lettre du 13 janvier, vous faites connaître au contraire qu'il s'agit pour vous, non pas de faire une nouvelle expérience, mais d'établir un spécimen en vue de la concession que vous avez formellement demandée.

Il me paraît impossible, dans ces conditions, de donner suite à votre pétition ayant pour objet d'établir une ligne pneumatique entre la porte Maillot et le Bois de Boulogne, et j'ai le regret de vous informer, qu'adoptant les conclusions de M. le préfet de la Seine et du Conseil général des ponts et chaussées, j'ai *définitivement* rejeté votre demande.

Ci-joint les pièces que vous m'avez adressées.

Recevez, Monsieur, l'assurance de ma considération.

Le Ministre des Travaux publics,

SADI CARNOT.

A Monsieur T.-W. RAMMELL, ingénieur, Hôtel Continental.

Annexe n° 11.

Paris, le 10 mars 1881.

A MONSIEUR LE MINISTRE DES TRAVAUX PUBLICS

Monsieur le Ministre,

J'ai l'honneur de vous accuser réception de votre lettre, du 5 mars courant, me communiquant votre *décision définitive* sur ma demande de pneumatic-railway.

J'ai aussi l'honneur de vous demander respectueusement communication du texte de la décision ministérielle du 9 juillet 1879 sur le même sujet.

Veuillez agréer, Monsieur le Ministre, l'assurance de ma haute et respectueuse considération.

T.-W. Rammell.

Annexe n° 12.

MINISTÈRE
DES TRAVAUX PUBLICS

DIRECTION GÉNÉRALE
DES CHEMINS DE FER

DIRECTION DE LA CONSTRUCTION

1re DIVISION

1er BUREAU

Chemin de fer souterrain
à propulsion atmosphérique
du système Rammell.

Paris, le 20 mars 1881.

Monsieur,

En m'accusant réception de la dépêche du 5 mars courant, par laquelle je vous ai donné connaissance de ma *décision définitive* sur les diverses demandes que vous m'avez adressées à l'effet d'être autorisé à établir à Paris un chemin de fer souterrain à propulsion atmosphérique, vous m'avez demandé de vous donner communication de la décision ministérielle du 9 juillet 1879, qui a trait au même sujet.

La dépêche du 9 juillet 1879 était adressée à M. le Préfet de la Seine, et elle contenait les instructions destinées exclusivement à ce fonctionnaire. Il n'est pas dans l'usage de communiquer à des tiers ces sortes de documents. Je ne saurais dès lors accueillir votre demande, et je ne puis que me référer à ma dépêche précitée du 5 mars, dans laquelle est d'ailleurs analysée ladite décision du 9 juillet 1879.

Recevez, Monsieur, l'assurance de ma considération.

Le Ministre des Travaux publics,
Pour le Ministre et par autorisation :
Le Conseiller d'État, directeur général des chemins de fer,
Duverger.

A Monsieur T.-W. Rammell, ingénieur, Hôtel Continental.

PARIS. — IMPRIMERIE CHAIX, 20, RUE BERGÈRE, PRÈS DU BOULEVARD MONTMARTRE. — 9523-1.

www.ingramcontent.com/pod-product-compliance
Ingram Content Group UK Ltd.
Pitfield, Milton Keynes, MK11 3LW, UK
UKHW021202230726
13926UKWH00001B/247